松鼠

走进大自然

冬季气温急骤下降,自然界的生命体受到极大的生存考验,严寒会带走能量,甚至摧毁生命体,为了生存下去,动物和植物们都各显神通,适应外界的不良环境。《动物和植物如何过冬》这本书介绍了一些动物和植物的过冬方式,如狐狸换上了更加细长、浓密的体毛,獐子的屁股上会长出一大片浓密的白色茸毛,就像人类换上了棉衣;田鼠和青鼠们会为自己储藏大量的果实和谷物;而蛇、青蛙等则会冬眠;小昆虫也有自己的过冬妙计,例如菜粉蝶过冬是变成蛹黏附在树枝或墙上;有些鸟儿会飞到温暖的南方过冬;树木们也一样做着过冬的准备,它们借助冬芽的保护过冬。动植物们都用自己特有的方法顺利地度过了寒冬。这本书介绍了很多动物和植物的过冬方法,大大超出了一般人的了解范围,拓展了孩子们的视野。大自然无奇不有,父母们还可以和孩子一起找找,看看是否可以找到更多不同动物的过冬方法。

撰文/[韩]金成恩

大学时主修教育学,目前从事绘本和文学创作。著有《小小梨儿,咚咚咚》《总爱羡慕》《生日一年就一次吗?》等书。作者被动、植物们准备过冬的景象所打动,便写下此文。

绘图/[韩]潘定嫄

大学学习视觉设计,荣获韩国第30届中央广告大奖插图奖。目前作为一名插图家创作作品。绘画作品有《冬天,你好!》《到处躲藏的农夫》《来玩泡泡游戏吧》等。

监修/[韩]鱼京演

在韩国庆北大学主修兽医学,专业是野生动物研究,并获取了兽医学博士学位。目前在韩国国立动物园担任动物研究所所长一职。著有《长颈鹿脖子长》《大象鼻子长》等书。

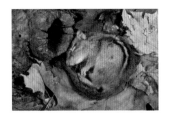

复旦版科学绘本编审委员会

朱家雄　刘绪源　张　俊　唐亚明
张永彬　黄　乐　蒋　静　龚　敏

总 策 划 张永彬
策划编辑 黄　乐　查　莉　谢少卿

图书在版编目(CIP)数据

动物和植物如何过冬/[韩]金成恩文;[韩]潘定嫄图;于美灵译.
—上海:复旦大学出版社,2015.5
(动物的秘密系列)
ISBN 978-7-309-11289-4

Ⅰ.①动… Ⅱ.①金…②潘…③于… Ⅲ.①动物-冬眠-儿童读物②植物-休眠-儿童读物 Ⅳ.①Q958.117-49②Q945.35-49

中国版本图书馆CIP数据核字(2015)第053239号

本书经韩国教元出版集团授权出版中文版
上海市版权局著作权合同登记
图字:09-2015-167号

动物的秘密系列6
动物和植物如何过冬
文/[韩]金成恩　图/[韩]潘定嫄
译/于美灵
责任编辑/谢少卿　高丽那

复旦大学出版社有限公司出版发行
上海市国权路579号　邮编:200433
网址:http://www.fudanpress.com
邮箱:fudanxueqian@163.com
营销专线:86-21-65104507　86-21-65104504
外埠邮购:86-21-65109143
上海复旦四维印刷有限公司

开本787×1092　1/12　印张3
2015年5月第1版第1次印刷

ISBN 978-7-309-11289-4/Q·97
定价:35.00元

动物和植物如何过冬

文/[韩] 金成恩　　图/[韩] 潘定嬿　　译/于美灵

復旦大學出版社

北风呼呼地刮着，落叶飘了一地，冬天的脚步近了，大家都忙着准备过冬。

一家人聚在一起，热热闹闹的，动手腌制过冬的泡菜，还要置办好全家人的棉袄、棉帽和手套。

取出压箱底的厚棉被，关紧被寒风侵袭的门窗。万事俱备，即使再冷，也可以高枕无忧了。

但是，
动植物们是如何过冬的呢？
瞧！树叶凋零，
树干都光秃秃的，
真是让人担心呢！

冬季，对动物们来讲，也是一个与寒冷作战的季节。

一般来讲，有体毛的动物们会在冬季来临之前换毛，褪去旧的体毛，长出新的体毛。

新长出的体毛更加细长浓密，可以使身体倍感温暖。

狐狸新长出的体毛，既细长又浓密。

即便冷风嗖嗖地吹，那厚实的体毛，也可以保持体温恒定、全身温暖。

獐子为了应对寒冷的冬季，也会换毛。
它赤褐色的体毛会变成灰褐色，屁股上
还会长出一大片浓密的白色茸毛。

啊哈！原来动物
们也像我一样，都换
上了棉衣啊！

冬天，原野上的果实都掉光了，草儿也全枯
萎了，动物们找不到吃的。所以，它们会在冬季
来临前，准备好过冬的食物。

田鼠在地底下挖洞，用来储藏
果实和谷物。
　　像田鼠这样，把食物深深地藏
在地底下，估计谁也找不到、偷不
走吧？

从晚秋开始，青鼠就努力地采集橡子和栗子，并且藏得严严实实的。

当然，也少不了它最喜爱的松果和蔷薇果。

像青鼠这样，将辛勤积攒的食物藏得严严实实，哪怕是一整个冬天，都可以不用为食物发愁啦。

7

在冬季，有些动物的体温会随着外界气温的下降而骤然降低，因此，它们整个冬天都一动不动。

并且，它们还会进入深度睡眠状态，整个冬天都不醒来。

蛇的体温会随着外界气温的变化而变化。冬天的时候，蛇的身体会变得又冷又硬，连移动都很吃力。

所以，它一般会藏在洞穴、岩石缝或树根里，缩成一团，安然入睡。

青蛙的身体，也会随着天气的变化而变化。

青蛙身上因为没有抵御寒冷的体毛，所以整个冬天，它都会躲在温暖的地底下冬眠。

冬眠前，青蛙还会大吃一顿，让身体充满养分。

在寒冷的冬季，我以为只有我，想在家里美美地睡上一觉呢，原来动物们也和我一样啊！

松鼠和熊也会冬眠。不过它们冬眠时，也会出来活动。不像蛇和青蛙一样，一动不动只是睡觉。

松鼠冬眠时会蜷缩着身体。这样，可以保证身体的热量不会流失，整个冬天，松鼠浑身都是暖暖和和的。

松鼠会提前挖好几个洞，用来贮藏食物；心灵手巧的它还会自己制作睡床。

如果冬眠时醒来的话，就吃几口贮藏的食物，再上趟厕所，然后再回去睡觉。

熊到了深秋，就会吃得比以前更多，主要吃果实和鱼等。这样，它的身体内就可以囤积大量脂肪，即使整个冬天不吃不喝，也可以撑得住。

熊在吃得肥嘟嘟之后，就会钻进洞穴里冬眠。偶尔，也会被外界的响声吵醒。

像熊这么庞大、壮实的动物，过冬都有困难，那么，又小又弱的昆虫们该怎么办呢？

事实上，昆虫们可不会惊慌失措，因为它们各自都有过冬的妙计。

昆虫们总会说："不要因为我们昆虫长得小，就小瞧我们哦！"

螳螂的身体下方会吐出白色泡沫，黏附在树枝、草茎或者墙壁上。

它把泡沫吐成蛹状，并在里面产卵。

泡沫风干之后就变成了温暖的卵梢。

温暖的卵梢包裹着螳螂的卵，使其免受风寒侵蚀。

瓢虫们过冬，一般会聚集在树皮、枯草或落叶下。

它们喜欢成群结队地聚集在一起，相互取暖。

这样，即使再冷的冬天，瓢虫们也都不怕了。

菜粉蝶过冬，是变成蛹黏附在树枝或墙上。

当遇到暴风雪时，菜粉蝶就会提前做好化蝶的准备。

那池塘里的昆虫们，都去哪里了呢？

原来，昆虫们都藏在池底、石头缝和水草里呀！

瞧，它们藏得多么严实啊！

池塘表面虽然结了厚厚的冰，但下面是不结冰的，因而这层冰就变成了坚实的保护膜，帮助昆虫们抵御外界寒冷。

龙虱和蜻蜓幼虫会藏在池底的水草中过冬。

龙虱

蜻蜓幼虫

水黾

田鳖

水黾和田鳖，一动不动地趴在水边的石子里和稻草间，仿佛等待着春天的来临。

鱼儿的游动也变得异常迟缓，从河水中可清晰地看见鱼儿的踪影。原来鱼儿是藏在岩石缝或池塘底下，安静地过冬啊！

鸟儿有翅膀真好！在冬天来临前，可以飞到温暖的南方。

燕子、杜鹃和黄鹂在冬季来临之前，便会飞向温暖的南方。春天到来时，又会飞回来，寻找伴侣，养育宝宝。

燕子

树木们也正努力做着过冬的准备呢！看到树枝上凸出来的东西了吗？那就是冬芽！

冬芽将树木上的绒毛和鳞茎层层包裹；树木们借助冬芽的保护，才能顺利过冬。

春天来临时，冬芽就会长出绿叶，开出红花。观察冬芽真的很有趣哦！因为每棵树上，冬芽的样子都各不相同呢！

樱花树上的冬芽，像鳞片一样，看起来又光滑又结实。

迎春树上的冬芽，又尖又长，像是由密密麻麻的鳞片堆砌而成的。

玉兰树上的冬芽，又滑又软，像极了大大的毛笔，毛茸茸的。

像这样，植物们努力地做着过冬准备，真是了不起啊！

19

你见过这样的树木吗？即使在寒冬腊月，它们仍然枝叶繁茂。

　　这样的树木随着冬季临近，温度也会下降；但树叶中含有的像蜜糖一样的甜汁可以帮助树叶防冻。

山茶花树，即使在寒冬腊月，也会绿叶长青、鲜花满枝。

瞧！松树的针叶，又尖又长！

即使是在雪花飞舞的寒冬，松树也会尽情释放着自己的绿意。

冰冻的大地上，冷风呼呼地吹。

要问冷不冷？要问累不累？

不冷，也不累！

因为大自然里的动植物们，都用自己特有的方法，顺利地度过了寒冬。

漫漫寒冬就要结束，充满绿意的春天马上来临！

让我们相约在阳光普照的初春里！

去候鸟栖息地看一看！

正如文中所说，燕子等候鸟，会随季节的变化，飞到适宜居住的地方。那么我们要不要看一看，冬季来临时，都有哪些候鸟会飞到中国呢？

丹顶鹤、花脸鸭、大雁、天鹅等众多的候鸟会飞到我国来过冬。可以说，这是一个绝好的机会，可以亲自观赏珍贵、稀有的候鸟。在中国有许多候鸟栖息地，如江苏盐城国家级珍禽自然保护区（丹顶鹤的故乡）、山东荣成大天鹅国家级自然保护区、鄱阳湖候鸟保护区等。

 鸟儿的警戒心较强，观赏时最好不要穿红色衣服。

观察一下！

大雁们一到冬天，就会成群结队地飞向我国南方地区。请仔细观察一下，大雁成群结队飞行的模样。大雁飞行时，到底组成什么队列呢？

欣赏一下！

花脸鸭白天一般会栖息在江河、湖水边；每到太阳落山时，就会去水田觅食。数十万只花脸鸭一起飞翔的场面，是不是十分壮观呢？

_____的观察日记

| 观察日期： | 观察地点： |

观察内容

1. 请写出你在候鸟栖息地所观察到的候鸟名字。

大雁　　　　花脸鸭　　　　丹顶鹤

天鹅　　　　鸨　　　　绿头鸭

2. 花脸鸭正在水中休息，请画出你心中最漂亮的花脸鸭。

3. 请写下观察之后的感受。

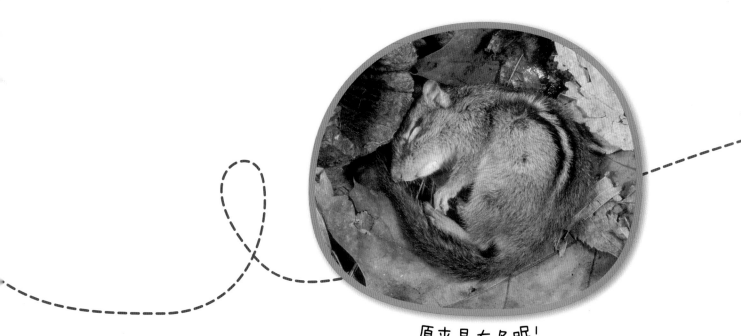

原来是在冬眠!